NOUVEAU TRAITÉ DE LA PÊCHE

AUX

LIGNES VOLANTES ET FLOTTANTES

DANS LES FLEUVES ET RIVIÈRES NAVIGABLES.

IMPRIMERIE DE A. HENRY,
Rue Gît-le-Cœur, n. 8.

FRONTISPICE.

1

2

NOUVEAU TRAITÉ DE LA PÊCHE

DANS LES FLEUVES ET RIVIÈRES NAVIGABLES,

AVEC

LIGNES VOLANTES ET FLOTTANTES,

PAR C. B. PIGOREAU;

REVU ET AUGMENTÉ DU VADE-MECUM DU PÊCHEUR, ET DE LA PÊCHE DES POISSONS DE RIVIÈRES, PENDANT CHAQUE MOIS.

PAR C. KRESZ AINÉ,

FABRICANT D'USTENSILES DE PÊCHE ET DE CHASSE.

AU PÊCHEUR.

PARIS,

CHEZ { CORBET AINÉ, LIBRAIRE, quai des Augustins, n° 61, KRESZ AINÉ, quai de la Mégisserie, n° 34.

1828.

OBJETS INDISPENSABLES

A UN PÊCHEUR,

Qui se trouvent chez KRESZ aîné, *quai de la Mégisserie*, N° 34.

2 Cannes à pêche.
1 Sonde.
1 Sac à poissons.
1 Anneau à décrocher.
1 Épuisette.
1 Boîte à vers.
1 Sac à vers.
1 Paire de petites pinces.
1 Canif.
1 Dégorgeoir.
1 Petit bout de pierre pour faire la pointe aux hameçons.

Un assortiment de lignes, crin, boyaux de vers à soie, soie poissée, plomb laminé, petit plomb fondu et une trousse en cuir pour contenir le tout.

SUPPLÉMENT

A LA

PISCICEPTOLOGIE,

OU

NOUVEAU TRAITÉ DE LA PÊCHE

A LIGNE VOLANTE ET FLOTTANTE.

ÉPITRE

AUX PÊCHEURS A LA LIGNE.

CHERS CAMARADES,

LA pêche est de droit naturel, mais il n'était pas juste que ceux qui en faisaient leur profession s'attribuassent le produit des fleuves et rivières navigables, au préjudice du domaine de l'Etat. Aussi, la loi du 4 mai 1802, en établissant des fermiers de pêche, et en la bornant, à l'égard des autres particuliers, à un simple objet d'agrément, a su concilier les intérêts généraux avec le droit naturel. Cette faculté de pêcher à la ligne flottante, surtout lorsqu'elle sera clairement et législativement définie, mérite la reconnaissance de la société.

Chaque dimanche, on voit, dès le matin, nombre de personnes de tous états, qui, pour réaliser une partie qu'elles ont méditée avec délice pendant toute la semaine, sortent des grandes villes, et particulièrement de Paris, armées d'une ligne, et ayant au bras un panier renfermant leurs provisions de bouche. Rien de plus touchant aussi que de voir de bons pères et de bonnes mères entourés de leurs enfans, qui, par des motifs qu'il est facile de concevoir, se dirigent, dans le même équipage, vers le même but.

Ainsi, pour quelques poissons de moins dans la rivière, que de familles intéressantes emploient agréablement une belle journée à un exercice modéré qui, loin de compromettre le gain de la semaine, leur fournit au contraire l'occasion de respirer l'air sain et fortifiant de la campagne !

Le spectacle qu'offrent aussi les personnes qui pêcheut à la ligne, dans les petites villes et les campagnes, n'est pas moins intéressant. Le général qui a su rendre son nom recommandable, le militaire de tout grade, l'artiste et jusqu'à l'artisan, enfin, tous ceux qui, après une laborieuse carrière, viennent finir leurs jours loin des grandes villes, trouvent dans l'exercice de la pêche une agréable distraction. Il serait difficile de se former une juste idée des égards, des prévenances et de l'obligeance qui existent entre des personnes dont les professions, les connaissances et les usages sont si différens.

Cependant on n'a pu, jusqu'à présent, se fixer sur le sens de la loi. Qu'a-t-elle entendu par cette expression : *ligne flottante tenue à la main?* Cette loi interdit-elle l'usage d'un peu de plomb? Malgré les nombreux procès que cette question a fait naître depuis vingt-cinq ans, cette question subsiste encore; mais il faut tout attendre du tems et de la sagesse du législateur : on se propose de former un nouveau Code de pêche; sans doute, on reconnaîtra qu'une faculté accordée d'une manière incertaine, et qui peut conduire à des discussions judiciaires, quelquefois ruineuses, cesse d'être une bienfaisance. Espérons donc que cette faculté sera consacrée dans le nouveau Code, d'une manière si positive, que la jurisprudence sera uniforme dans tous les tribunaux du royaume.

Veuillez donc agréer, chers Camarades, un petit ouvrage qui traite seulement de la pêche à la ligne volante, et de celle à la ligne flottante : la première, qui n'est que le diminutif de la deuxième, est incontestablement sans inconvénient; l'autre pourrait avoir des dangers.

En prenant la plume, je me suis imposé deux obligations : l'une consiste à vous faire connaître les contraventions que vous pourriez commettre involontairement, et les moyens propres à les prévenir ; l'autre à vous mettre à même de rendre vos plaisirs plus piquans en vous indiquant la manière d'en tirer un peu plus de profit.

PREMIÈRE PARTIE.

DE LA PÊCHE A LA LIGNE FLOTTANTE, ET DES LOIS QUI LA RÉGISSENT.

Il est probable que les premiers hommes, autant par nécessité que par goût, se sont livrés à la pêche et à la chasse; qu'à l'égard de la pêche, ils ont dû commencer par se servir d'un instrument approchant de la ligne.

La pêche à la ligne est d'autant plus attrayante, qu'elle est peu coûteuse, et qu'on peut se suffire à soi-même; elle donne un but à la promenade, et n'exige d'autre exercice que celui qu'on veut bien prendre; elle exerce l'imagination et demande du raisonnement.

Cependant, tout plaisir mêlé de crainte cesse d'être un plaisir; celui de la pêche, même à la ligne, peut avoir des inconvéniens graves lorsqu'on s'écarte des bornes que la loi lui a imposées. C'est pour mettre le pêcheur à portée de prévenir toute difficulté, et pour mieux le mettre à même d'utiliser son loisir, que nous lui offrons le présent Traité. Ce Traité sera divisé en deux parties : la première, contiendra l'analyse des lois, ordonnances et arrêts de la cour de cassation, sur la police de la pêche à la ligne flottante, dans les fleuves et rivières navigables. La deuxième, donnera les renseignemens qu'on a pu recueillir par soi-même, pour tirer quelque utilité de cette pêche.

Avant 1789, la police de la pêche dans les fleuves et rivières navigables, était réglée par l'ordonnance de 1669, dont les dispositions étaient des plus sévères. Alors les maîtres pêcheurs reçus à la table de marbre, avaient seuls le droit de pêcher, mais on tolérait les pêcheurs à la ligne.

Ce droit exclusif de la pêche ayant été aboli définitivement par le décret de la convention du 30 juillet 1793, les désordres qu'entraînait cette liberté illimitée étant parvenus à la connaissance du gouvernement, le Directoire exécutif a cru devoir statuer par son arrêté du 16 juillet 1798, que, jusqu'à ce qu'il en eût été autrement ordonné par le Corps législatif, les articles 5, 6, 7, 8, 9, 10, 11, 12, 14, 17 et 18 de l'ordonnance de 1669, par lui modifiés par le même arrêté, continueraient d'être exécutés Le Directoire s'est fondé sur l'article 608 du Code pénal, du 27 décembre 1795, qui porte « qu'en attendant que les dispositions de l'or» donnance de 1669 aient pu être revisées, les » tribunaux correctionnels appliqueront, aux » délits qui sont de leur compétence, les peines » qu'elles prononcent. »

Cette mesure qui, comme on le voit, outre-passait les attributions du Directoire, et qui, d'ailleurs, n'était que provisoire, prévenait à la vérité le dépeuplement des rivières; mais, loin de tourner au profit de l'Etat, elle imposait, au contraire, des frais plus considérables de conservation; aussi sous le gouvernement consulaire, il a été rendu, le 4 mai 1802, une loi relative aux contributions, qui, par son article 14, interdit à tout particulier « n'étant ni fermier, ni pourvu » de licence, de pêcher dans les fleuves et ri» vières navigables, autrement qu'à *la ligne » flottante et à la main*, sous peine : 1° d'une » amende de 50 à 200 francs; 2° de la confis» cation des filets et engins de pêche; 3° de » dommages et intérêts envers le fermier de » la pêche, d'une somme pareille à l'amende. »

Cette loi, dans un sens, est des plus claires

et des plus positives; en la rapprochant de l'ordonnance de 1669, le pêcheur à la ligne se pénétrera facilement de la conduite qu'il aura à tenir pour éviter toute espèce de contravention.

A moins que d'être fermier ou pourvu de licence, nul ne peut distraire de la rivière aucun poisson, pas même avec un panier ou corbeille, qu'on promène sur les bords pendant les eaux jaunes, pas même aussi avec la main; le seul instrument permis, c'est la ligne flottante et à la main.

Par une juste conséquence de cette loi, et suivant la jurisprudence des arrêts de la cour de cassation, toute personne qui emploîrait des instrumens contre l'usage desquels il serait prononcé des peines par l'ordonnance de 1669, non seulement encourrait ces peines, mais encore serait condamné à l'amende prononcée par l'article 14 de la loi, pour avoir pêché autrement qu'à la ligne flottante.

Les articles 6 et 12 de l'ordonnance, défendent, savoir : le 6, de pêcher pendant les mois d'avril et de mai, tems du frai; le 12, prescrit de rejeter le poisson qui n'a pas acquis le degré de croissance déterminé par cet article; il paraît que ces dispositions ne sont observées, à la rigueur, qu'à l'égard des pêcheurs de profession.

Tels sont les principaux points qu'on ne doit pas perdre de vue. Mais malheureusement la loi elle-même s'oppose à la sécurité du pêcheur; faute d'avoir suffisamment défini ce qu'on doit entendre par *ligne flottante*, cette loi a donné lieu à une infinité de procès jugés en sens contraire; les uns prétendaient que cette espèce de ligne doit absolument être dépourvue de plomb; les autres, au contraire, établissaient qu'une ligne dont la flotte en plume reste à la superficie de l'eau, et qui, quoiqu'ayant un petit morceau de plomb à son extrémité, en suit le cours, est une véritable ligne flottante; qu'ainsi cette ligne n'étant pas fixée au fond de l'eau par un plomb, le vœu de la loi est rempli ; on pourrait citer une foule de jugemens qui ont donné gain de cause aux uns et aux autres; aussi depuis vingt-cinq ans que cette loi est rendue, on n'a pu encore établir une jurisprudence précise sur laquelle on pût se fixer.

Cependant on cite, à l'appui de l'affirmative de cette question, un arrêt de la cour de cassation du premier décembre 1810, rapporté par M. Merlin, dans son Répertoire de jurisprudence, au mot pêche, page 150 : nous allons en rapporter l'espèce :

Barthelemy Gabrielly, ayant été trouvé pèchant dans la rivière d'Arno, avec un mazzechera, avait été traduit au tribunal correctionnel du département de la Méditerranée, où il avait été acquitté; l'appel de ce jugement ayant été porté au tribunal criminel du même département (cour d'appel), les juges, avant faire droit, ont ordonné un rapport d'experts, d'après lequel le premier jugement a été confirmé; pourvoi à la cour suprême, où ce dernier jugement à été cassé; la cour a motivé son arrêt : 1° « Sur ce » que Gabrielly, qui n'était ni fermier ni » pourvu de licence, avait pêché avec un » mazzechera, qu'il ne tenait pas à la main, » mais dont le manche était appuyé sur une » fourchette fixée à terre. 2° Sur ce qu'il était » prouvé, par la déclaration des experts nom» més par les juges de la cour criminelle, » qu'on ne peut se servir de mazzechera, » qu'en fixant l'extrémité de la ligne au fond » de l'eau, au moyen d'un plomb qui y est » attaché. »

Nous ne donnerons certainement pas notre opinion pour une autorité ; cependant, nous ne pouvons nous dispenser de dire que la ligne dont il s'agit était une ligne dormante, qu'il était inutile de tenir à la main, et qui, peut-être, n'avait pas besoin d'être continuellement observée par le pêcheur; tandis qu'au contraire, celle flottante, en suivant le cours de l'eau, impose au pêcheur l'obligation gênante de la tenir continuellement à la main, pour la changer de place, et en outre, de ne pas la perdre de vue; qu'ainsi on ne doit pas conclure de cet arrêt, que la ligne flottante doit être dépourvue de plomb, et que si le législateur avait été dans l'intention de proscrire l'usage du plomb, il se serait servi de l'expression *ligne volante* qui, en effet, par sa nature, n'a pas besoin de plomb. Nous trouvons la preuve de ce que nous avançons, dans la multitude de procès qui se sont élevés sur la même question, depuis dix-sept ans que cet arrêt est rendu.

Comme on l'a vu précédemment depuis l'établissement du Code des délits et des peines, qui remonte au 25 octobre 1795, les lois sur la police de la pêche sont restées jusqu'à ce jour en état de provisoire; il paraît que ces lois vont être refondues dans un code ; sans doute qu'on y précisera les facultés qu'on a entendu accorder aux particuliers de manière qu'ils en puissent jouir paisiblement.

Dans l'état d'incertitude où nous nous trouvons, c'est au discours prononcé par l'orateur du gouvernement, au Corps législatif, lors de la présentation de la loi du rétablissement du droit de pêche, que nous devons avoir recours; voici comment s'exprimait cet orateur :

« La pêche, dans les fleuves et rivières navigables, est, pour ceux qui s'y livrent, ou » une spéculation d'intérêt, ou un objet de » plaisir. Les premiers ne peuvent se plaindre » d'être obligés de payer une licence ou un » prix de ferme, pour avoir la disposition » d'une propriété nationale, les seconds auront encore moins à murmurer d'acheter, » par un léger sacrifice, le plaisir de pêcher » dans ces propriétés. »

Les fermiers de la pêche, du département de la Seine et des environs des grandes villes, spéculent sur le produit des permissions qu'ils accordent, et portent le prix de leur ferme en conséquence. A Paris, ils font payer ces permissions en raison de l'importance de la pêche qu'on veut faire; lorsque ce n'est qu'à la ligne dormante, ils exigent 6 francs pour l'année; il est indubitable que les fermiers de départemens, qui, n'étant que pêcheurs de profession, et ne s'attendant pas à trouver d'autres ressources que dans leur travail, ne seront pas plus exigeans que les autres.

Nous sommes loin d'admettre que l'orateur du gouvernement ait entendu parler d'autre pêche que de celle aux filets et autres engins semblables, ainsi qu'aux lignes dormantes réservées aux spéculateurs; mais comme on n'a pas encore précisé la différence qui doit exister entre ces lignes dormantes et celles qui, quoique garnies d'un peu de plomb, suivent le cours de l'eau et doivent être considérées comme lignes flottantes; nous pensons avec les gardes généraux des eaux et forêts, qu'il est infiniment plus sage de faire un léger sacrifice, que de s'exposer à des tracasseries qui, comme on a dû le remarquer, peuvent aller fort loin: d'ailleurs, en payant, on jouira sans crainte de la liberté qu'on aura achetée: c'est dans cette supposition que, dans le cours du présent Traité, nous parlerons des différentes lignes à employer.

DEUXIÈME PARTIE.

CHAPITRE PREMIER.

POISSONS DIVISÉS EN DEUX CLASSES; — LEURS ALLURES; — DU TEMS, DES VENTS ET DES HEURES DE LA JOURNÉE FAVORABLES A LA PÊCHE.

Toutes les espèces d'animaux ont leurs ennemis particuliers; mais l'homme, par la force de son génie, en est l'ennemi commun et le plus redoutable; c'est en vain que l'animal épuise toutes les ressources que lui a prodiguées la nature; c'est en vain qu'il se réfugie sur les montagnes les plus inaccessibles, dans les airs et sous les eaux : la perfection de sa vue, de son ouïe et de son odorat, sa méfiance continuelle, ses ruses, sa force, la rapidité de son vol ou de sa course ne sauraient le garantir des atteintes de l'homme.

Le poisson porte très-loin l'instinct de sa conservation, ilest très-défiant; il semblerait qu'en voyant l'appât qu'on lui présente, il se doute que cet appât recouvre un piége; il le rejette plusieurs fois avant de l'avaler; cependant, pourvu que le pêcheur ne fasse pas de trop grands mouvemens et ne donne pas trop d'éclat à sa voix, le poisson perd beaucoup de sa défiance; sa curiosité ainsi que sa gourmandise finissent par causer sa perte.

Très-sensible au froid et aux influences de l'air, le poisson, par les vents du nord, par ceux du nord-est et nord-ouest, est souffrant; il se rassemble par bandes sous les cavités des berges, il y demeure immobile et ne prend aucune nourriture; ce n'est que lorsque le tems est du bas que l'on peut compter sur la pêche; en un mot: le vent est d'une telle influence sur les poissons, que lorsqu'il n'est pas convenablement tourné, et que l'eau est noirâtre, le poisson ne fait aucune attention à l'appât qui se présente à sa vue; si quelquefois il s'en approche, c'est pour passer aussitôt outre.

Il n'est pas moins important de consulter les heures de la journée favorables à la pêche. Au renouvellement de la saison, on ne doit rien espérer de la pêche, qu'autant qu'il fait du soleil, et depuis neuf à dix heures du matin jusqu'à deux; à mesure que la saison s'avance on ne peut se mettre en pêche, le matin, qu'autant que la mousse et autres immondices, montées à la superficie de l'eau pendant la nuit, soient entièrement écoulées. On fera bien aussi de suspendre la pêche de deux à quatre ou cinq heures : c'est le tems où le poisson prend du repos; de quatre ou cinq heures à la nuit, c'est le moment où la pêche est la plus abondante, la tranquillité et la fraîcheur de la soirée produisent sur les poissons les mêmes effets que sur le gibier.

Les eaux ordinairement trop limpides de l'arrière-saison, et celles de la nouvelle, provenant de la fonte des neiges, ou des glaces, ne sont pas propres à la pêche, à moins que ce ne soit dans les endroits où se déchargent les fontaines d'eau chaude ou dans les ruisseaux refoulés par les grandes eaux, autrement il faut attendre le renouvellement de la saison de la pêche qui arrive à la fin de février ou au commencement de mars; alors, le poisson, sortant de son engourdissement, se livre à ses allures; il remonte continuellement le bord de l'eau, tant pour jouir des premiers rayons du soleil, que pour aller au devant et se saisir, à leur passage, des corps qui flottent à la superficie ou à l'intérieur des eaux, et dont il tire sa subsistance. Arrivé au terme qu'il s'est proposé, le poisson reprend le large et revient au bord pour l'explorer de nouveau en y faisant mille et mille détours.

Le pêcheur intelligent tirera de ces marches et contre-marches du poisson, deux conséquences très-importantes dont il doit bien se pénétrer et qu'il ne doit pas perdre de vue:

En premier lieu, en jetant à l'eau un appât tel que l'asticot ou le blé cuit qui se divise au fond de la rivière et en suit le cours, le pêcheur fait nécessairement remonter le poisson jusqu'à l'endroit d'où cet appât a été jeté, et où il doit s'en être fixé une partie. Le poisson ayant dévoré sans inconvénient l'appât qui s'était répandu au loin, remontera, se jettera sans défiance sur celui qui environne le pêcheur, et finira par s'adresser à celui qui cache l'hameçon.

En second lieu, on voit qu'il existe deux classes de poissons, l'une nageant à la superficie des eaux, et se nourrissant des insectes qui y [illegible], l'autre ne quittant pas le fond ou elle trouve des alimens plus solides. Aussi doit-il exister deux systèmes de pêche et deux systèmes de lignes, l'une dite *volante* et l'autre dite *flottante*.

CHAPITRE II.

DÉFINITION DES DEUX CLASSES DE POISSONS ; LIGNES ET APPATS QUI LEUR CONVIENNENT.

A compter du mois de novembre jusqu'au 1er juin, le poisson vit au fond des eaux et ne se pêche qu'à la ligne flottante, amorcée de vers rouges; il serait inutile de tenter toute autre espèce de pêche. Ce n'est, qu'au mois de juin que le poisson, après avoir passé le tems du frai, reprend ses habitudes, et commence à former deux classes qui, ayant des manières de vivre bien différentes l'une de l'autre, exigent chacune de leur côté, les lignes et les appâts qui leur sont propres.

PREMIÈRE CLASSE.

On comprend dans cette classe, les poissons qui, ayant le museau effilé et séparé à son extrémité par la bouche, sont conformés de manière à se saisir des insectes au moment où ils tombent à l'eau ; aussi voit-on ces poissons continuellement circuler à sa surface : tels sont le jeune meunier, l'ablette, l'éperlan et la vandaise. Quelquefois le gardon et la brême se mêlent parmi eux, quoiqu'ils fassent partie de la seconde classe. Ces poissons se pêchent à la petite ligne volante, amorcée d'insectes de petit volume, parmi lesquels on compte les mouches domestiques, les grosses fourmis de bois et les petites chenilles.

Cette pêche est aussi abondante qu'elle est divertissante ; car le pêcheur étant caché derrière un arbre, ou entre des touffes de roseaux, peut choisir parmi les poissons qui passent devant lui, celui que bon lui semble ; en jetant l'appât au devant de lui, le poisson s'en saisit aussitôt et s'enfuit avec sa proie ; il ne reste plus qu'à le piquer et à l'attirer à soi.

Du Meunier adulte.

Ce poisson appartient aux deux classes ; c'est le plus abondant et le plus vorace de tous; on le trouve partout et en toute saison, particulièrement dans les endroits où l'on fait rouir le chanvre, sur les grèves qui se trouvent en pleine eau, à la proximité des abreuvoirs et des lavoirs, et des ruisseaux qui charrient les immondices; il se jette avec avidité sur toutes les amorces qui se présentent à sa vue.

Le meunier adulte, en tant qu'il appartient à la première classe, se pêche, à compter du mois de juin, à la ligne volante, amorcée des mêmes insectes que pour les petits poissons, en outre du rouget, du hanneton gros et petit, et de petites sauterelles dites sautriaux.

SECONDE CLASSE.

Cette classe se compose des poissons qui ont le museau assez fort pour chercher leur nourriture sous les pierres, dans la terre et la vase, et qui ont la bouche en dessous du museau; aussi on les pêche à la ligne flottante, d'une longueur convenable pour atteindre le fond, à la distance qu'on juge à propos du bord.

Du Meunier adulte.

Ce poisson, considéré comme appartenant

à la seconde classe, mord, comme nous l'avons déjà dit, du mois de novembre aux mois d'avril et mai, aux vers de terre; du mois d'avril au mois de novembre, il mord au sang et successivement à la cerise et au raisin noir. Il se prend, ainsi que le barbillon, au fromage du Gruyère et à la pâte.

Du Barbillon.

Celui-ci n'est pas moins avide que le précédent et fréquente les mêmes endroits. Lorsque les eaux montent et qu'elles sont jaunes, on le pêche aux vers rouges sur les grèves et sur les terres que les eaux ont recouvertes. En été, on le pêche aussi sur les grèves, aux abreuvoirs et aux lavoirs avec le fromage de Gruyère, la viande cuite et la pâte.

Le barbillon se prend aussi à la ligne aux pelotes.

De la Carpe.

Chacun sait que c'est le meilleur poisson de la rivière : aussi mérite-t-il une étude plus approfondie. Quoique la carpe soit plus sensible que tous les autres poissons aux influences de l'air, on peut, avec du soin, rendre cette pêche assez avantageuse; mais il faut pour cela choisir un tems favorable, et ne se servir que de lignes et d'hameçons d'une très-grande finesse, tels que les hameçons des n° 10, 11 ou 12, et d'appâts d'un petit volume, tels que le blé cuit.

Au commencement de la saison, les jeunes carpes viennent jouir des premiers rayons du soleil sur les bords de la rivière, et se fixent sur ceux qui sont dormans. On les y pêche avec la petite ligne flottante, amorcée de vers rouges. En se servant de lignes plus longues et plus fortes, il pourrait arriver qu'on en prît de grosses. C'est la seule manière de les pêcher jusqu'au mois de juin. Cette époque arrivée, la carpe reprend ses habitudes jusqu'au mois de novembre, tems auquel elle cesse absolument de mordre.

La carpe se plaît dans les eaux dormantes et profondes, sur fond de vase, parmi les herbes et roseaux; elle ne mord que de fond. Si elle fréquente plus ordinairement le large, il est très-facile de l'attirer et de la fixer sur les bords, en y jetant des appâts. Celui qu'elle préfère, et qui en même tems est le plus facile à se procurer, c'est le blé cuit. Plus l'endroit qu'on aura choisi pour pêcher la carpe sera amorcé, plus il sera avantageux.

Le pêcheur qui veut jouir du fruit de ses soins, doit donc, dès les premiers jours de juin, se choisir une place où il puisse être commodément assis, et qui soit, autant qu'il est possible, au niveau de l'eau, et d'où il pourra facilement tirer le poisson qu'il aura piqué ; il faut que la nappe d'eau dans laquelle il se propose de pêcher, forme un carré de huit pieds de large sur environ douze de long, dont le fond doit être sans herbe, racines ou pierres. Quand bien même cette nappe serait environnée d'herbages et de roseaux, elle n'en serait que meilleure.

L'eau doit avoir une profondeur de cinq à six pieds plus ou moins, pourvu que la ligne soit d'une longueur proportionnée; la berge doit être en talus, suffisamment rapide, pour que le bled qu'on jette environ deux pieds au devant de soi puisse glisser jusqu'au fond; les grains qui, à cause de quelques inégalités ou autres causes, sont retenus sur le talus, sont précisément ceux auxquels les plus grosses carpes s'adressent de préférence; mais il faut que ce soit à une distance où la profondeur des eaux ne permette ni au pêcheur ni au poisson réciproquement de se voir.

La place une fois choisie et bien préparée, il faudra, par les raisons qui viennent d'être exposées, penser à la tenir toujours bien amorcée. Le meilleur moyen est de semer, dès la veille du jour où l'on voudra pêcher, un bon verre de blé cuit, tant sur la nappe d'eau que sur les côtés, et notamment à deux ou trois pieds du bord. La première chose que l'on doit faire en arrivant le lendemain est de recommencer l'opération, et de la renouveler avant de s'en aller.

Autant on doit être prodigue de blé avant et après la pêche, autant il faut savoir le ménager pendant qu'on s'en occupe. On doit alors se borner à en jeter de tems à autre quelques grains au-devant de soi, et particulièrement à deux pieds du bord; on fait, par ce moyen, mouvoir le poisson en excitant sa curiosité et sa gourmandise.

La partie la plus essentielle de la pêche, c'est de garnir l'hameçon de manière qu'il soit entièrement caché par l'appât; en conséquence, on choisira trois grains de blé seulement, de peur qu'un plus gros volume n'inspire la défiance; on enfilera les deux premiers grains en travers dans l'hameçon, et le troisième en long pour cacher le dard. Lorsque la carpe aspire cette becquée, pleine de crainte et de défiance, elle reste en place et se garde bien de faire aucun mouvement, et reste bien souvent très-long-tems dans cette position. Cependant, malgré toutes ses précautions, elle imprime à la ligne un léger mouvement qui force la flotte à plonger un peu dans l'eau. Il n'en faut pas davantage pour avertir le pêcheur qu'il est tems de piquer. Aussitôt que la carpe se sent prise, elle cherche à gagner le large; le pêcheur doit prévenir ses premiers efforts, en lui lâchant à propos la main, de manière que la ligne ne cesse d'être tendue, pour éviter que le poisson ne se décroche; il faut aussi que le pêcheur maintienne avec soin le poisson en pleine eau, afin de l'empêcher de se réfugier dans les roseaux ou autres endroits où il pourrait se débarrasser de la ligne. Ce n'est que lorsque le poisson a bu et qu'il a beaucoup perdu de ses forces, que le pêcheur doit s'occuper à le tirer hors de l'eau; il faut le prendre par le cou, au-dessous des ouïes en le lui comprimant fortement.

Pendant le débat qui s'élève entre le pêcheur et le poisson, qui ne laisse pas d'avoir son intérêt, le pêcheur ne doit opposer que la force du poignet et avoir le revers de la main tourné du côté de l'eau; il doit aussi disposer la gaule de manière que l'élasticité du scion soulage le corps de ligne.

La carpe est très-lourde et très-forte, et par conséquent très-difficile à tirer hors de l'eau; cependant la perte d'une carpe est un événement fâcheux pour un pêcheur. Un pareil accident peut s'éviter de deux manières:

On attache fortement au bout d'une baguette de cinq à six pieds un hameçon, n° 3, qu'on insinue dans la bouche du poisson; sitôt que cet hameçon a pénétré dans ses chairs ou dans ses cartilages on le soulève facilement. L'épuisette est beaucoup plus sûre, mais moins commode à porter.

La pêche à la carpe, telle que nous venons de l'indiquer, serait très-avantageuse si on pouvait se servir de deux lignes dont l'une ayant le bout de sa gaule fichée en terre, atteindrait à six ou sept pieds du bord, et l'autre ne dépasserait pas le talus; celle-ci ne serait pas celle dont on retirerait le moins d'agrément.

On cesse sur les sept heures la pêche au blé, qui doit être remplacée par celle aux vers, mais comme cet appât est mordu aussi bien par les gros que par les petits poissons, une seule ligne suffit pour occuper le pêcheur.

La carpe se prend aussi à la ligne au coup et à celle aux pelotes.

De la Brême et du Gardon.

La pêche de ces poissons est absolument la même que celle de la carpe, car on prend alternativement des uns et des autres. La brême et la carpe sont très-friandes de moules de rivière, mais comme les petits poissons la sucent continuellement et font mouvoir la flotte, cette pêche est moins agréable.

De la Perche franche.

La perche ne vit que de petits poissons, on ne peut la pêcher qu'aux vers de terre rouges et à l'asticot.

Du Brochet.

Le brochet, ainsi que le meunier adulte, se pêche à l'amorce vive.

De l'Anguille.

Elle fréquente les eaux mortes sur fond de bourbe. Elle ne sort que le soir et une partie de la nuit, on la trouve aussi aux abreuvoirs. Le seul appât qui lui convienne est le ver de terre.

Du Goujon et de la Perche goujonnière.

On les trouve sur les fonds solides et sableux ; on les pêche à la petite ligne flottante, amorcée de petits vers rouges de fumier, ou d'asticots ; la meilleure saison pour cette pêche est depuis le mois d'août jusqu'à la fin de la saison.

De l'Écrevisse.

L'écrevisse, attirée par le blé que l'on jette à l'eau, tandis que l'on pêche, remonte, particulièrement dans la soirée, au bord de l'eau. Comme il serait dommage de la laisser échapper, et qu'elle est trop subtile pour qu'on puisse la prendre à la main, on coupe une petite baguette d'environ deux pieds, au bout de laquelle on pratique une fente où l'on insinue un morceau de viande ou de colimaçon, un ver de terre ou même quelques grains de blé. On présente cet appât à l'écrevisse qui l'embrasse aussitôt dans ses pattes; alors on la soulève doucement sur terre, et on l'attire promptement à soi.

CHAPITRE III.

DES LIGNES ET HAMEÇONS.

Observations générales.

On trouve dans les magasins de M. Kresz des Lignes toutes faites, ainsi que tout ce qui est nécessaire pour les confectionner soi-même, et généralement tout ce que la France et l'Étranger fournissent de plus ingénieux et de plus subtil pour la chasse et la pêche. Cependant le pêcheur doit se pénétrer qu'il serait très-avantageux et très-commode pour lui de savoir faire lui-même ses lignes; elles n'en seraient que plus conformes à ses idées sur la pêche; en sachant du moins les réparer, il éviterait d'être arrêté dans sa pêche au moindre accident qui surviendrait à sa ligne, ce qui n'arrive que trop souvent.

La ligne proprement dite se compose : 1° du corps de ligne qui se termine par une empile à laquelle est attaché l'hameçon; 2° de la gaule à laquelle le corps de ligne est attaché : la réunion du tout est appelé ligne ou équipage.

C'est de la juste proportion des pièces de cet assemblage que dépend la réussite de la pêche. Le but principal du corps de ligne est de placer l'appât à la proximité du poisson et de le piquer. Celui de la gaule est de supporter le poisson et de résister à ses premiers efforts qui sont très-violens. Dès lors, il faut donc que le corps de ligne n'ait que le volume nécessaire afin d'être moins vu du poisson et que la gaule ait assez de pliant pour supporter en plus grande partie le poids et la résistance du poisson. En un mot, il faut, dans cet assemblage, *propreté*, *solidité et délicatesse ;* si non, point de pêche. Car il vaut mieux avoir une ligne démontée que d'être exposé à passer son tems sans que le poisson morde.

Il n'est pas moins nécessaire d'établir une juste proportion entre la longueur de la ligne et celle de la gaule; dans les petites lignes cette longueur doit être égale de part et d'autre; dans les grandes lignes, leur longueur peut excéder celle de la gaule, lorsque la pêche et les localités l'exigent.

L'hameçon est encore un des agens principaux de la pêche ; le choix qu'on doit en faire est aussi des plus importants. La préférence est due aux moins volumineux ; car le poisson, toujours très-défiant avant d'avaler l'appât, se plaît, lorsqu'il en a le loisir, à l'aspirer et à le rejeter ; pour peu que l'hameçon soit trop gros, le poisson ne manque pas de s'apercevoir que l'appât recouvre un piége et prend aussitôt la fuite.

Le corps de ligne se divise en deux parties, au moyen d'une flotte ; la partie qui est au dessous de la flotte plonge dans l'eau, celle qui est au-dessus reste à sa surface et s'appelle bannière. Cette flotte est l'âme de la ligne. Il est très-essentiel qu'elle soit combinée avec le poids qu'elle a à supporter ; il faut aussi qu'elle soit placée avec art dans l'endroit de la ligne qu'elle doit occuper.

La flotte se compose d'un tuyau de plume coupé par le haut à la naissance de la tige de la plume, et dont on a aussi coupé le petit bout. On ébarbe la tige, on l'introduit dans le tuyau, on retranche ce qui excède le petit bout du tuyau ; on laisse excéder la tige par le gros bout d'environ deux à trois lignes pour pouvoir la retirer et la remettre à volonté.

Lorsqu'on se sert d'une ligne en cordonnet de soie, comme le poids en est plus lourd, il faut que la flotte soit en état de la supporter: on se sert alors d'un morceau de bouchon d'environ six lignes. On le taille en olive, et on introduit dans un trou qu'on a pratiqué en long dans cette olive, au moyen d'un clou, une flotte en plume qui ne doit pas excéder le liége.

On introduit les lignes dans les tuyaux, et on les fixe dans l'endroit qu'on juge à propos, en remettant la tige de la plume dans le tuyau, au moyen de quoi la ligne se trouve serrée entre le tuyau et la tige, et ne peut plus varier.

La flotte a deux buts ; le premier consiste à maintenir la bannière à la surface de l'eau, le second à avertir le pêcheur lorsqu'il est tems de piquer.

A l'égard du premier objet, il est évident que si la flotte est trop légère, elle plongera dans l'eau et ne remplira pas son but; que si, au contraire, elle est trop forte, ses mouvements seront beaucoup moins visibles, et qu'en outre la ligne sera surchargée d'un poids inutile.

Quant au deuxième objet, il est très-important de tenir la bannière aussi courte que les localités le permettent; le mieux serait de ne lui laisser que trois à quatre pouces, et que la flotte plongeât jusqu'à la superficie de l'eau, et que, sitôt qu'elle y enfoncerait, le pêcheur n'eût plus qu'à piquer; le mouvement s'imprimerait dans toute l'étendue de la ligne et jusqu'au poisson en même tems. Il est facile de concevoir que si la flotte est éloignée, le mouvement n'est pas aussi prompt.

Le plomb entre aussi pour beaucoup dans l'instrument de pêche; il suffit d'une petite feuille de plomb à tabac de cinq à six lignes de long sur trois de large, pesant de cinq à six grains que l'on roule autour du nœud qui joint le dernier cordonnet du crin à l'empile, de manière à pouvoir le dérouler à volonté.

Pourrait-on conclure, d'une si petite quantité de plomb attachée à l'extrémité de la ligne, que cette ligne n'est plus flottante; cependant, lorsque cette ligne est jetée dans les eaux dormantes, elle s'y fixerait d'elle-même par son poids; la parcelle de plomb qui y est attachée ne sert qu'à la faire descendre un peu plus vite. La même ligne, chargée d'un plus gros volume de plomb et placée en eau courante, n'en suivrait *pas moins* le cours.

On entend par le mot piquer, l'action de faire entrer la pointe de l'hameçon dans le gosier, dans le palais ou les cartilages de la bouche du poisson; il suffit pour cela d'un seul coup de poignet, sec et subtil; s'il était donné avec trop de force, la ligne se romprait; le poisson une fois piqué, il faut le ménager.

On ne doit mettre qu'un seul hameçon à l'extrémité des lignes volantes. On devrait suivre la même marche pour toutes les autres. entr'autres avantages qu'on en retirerait, ce serait de moins courir le risque d'engager la ligne au fond de l'eau.

Ces bases ainsi posées, il ne reste plus qu'à mettre une ligne bien conditionnée entre les mains du pêcheur; nous allons tâcher de faire mieux, en faisant tout ce qui dépendra de nous pour le mettre à portée de l'établir lui-même.

Du Corps de Ligne.

Les corps de ligne s'établissent, soit en crin blanc, soit en cordonnet de soie blanche, ou en différens fils venant de l'étranger, et qu'on trouve dans les magasins que nous avons indiqués plus haut.

Le crin semble devoir être employé de préférence, pour les petites lignes, et particulièrement pour les grandes et petites lignes volantes. Le crin est aussi léger qu'il est fort; il est moins voyant, et loin de se corrompre à l'eau, il y prend de la consistance. Le cordonnet est plus solide pour les lignes aux barbillons et au meunier.

A l'égard des lignes aux pelotes, il est indispensable qu'elles soient en cordonnet de soie blanche.

En supposant que l'on veuille faire une ligne sur douze crins, on choisira trois brins clairs et qui n'aient pas de lentes; on les égalisera par le haut, et on les nouera par un nœud ordinaire; on posera ces trois brins entre le pouce et le doigt du milieu de la main gauche; on tordera ces trois brins avec le pouce et le second doigt de la main droite à mesure qu'ils s'échapperont de ceux de la main gauche, et lorsqu'on sera parvenu au petit bout des crins, on en retranchera ce qui pourrait être trop faible, et on arrêtera le cordonnet par un nœud pareil à celui du haut; lorsque l'on a ainsi tordu quatre cordonnets simples, on les tord ensemble, et on les arrête par de pareils nœuds que ceux pour les petits cordonnets. On fait autant de gros cordonnets qu'il en faut pour la longueur de la ligne que l'on se propose d'établir. Comme il est dans l'ordre que le corps de la ligne aille en diminuant sans perdre de sa force, on met un crin de moins à l'avant dernier cordonnet, et deux au dernier.

En composant ainsi les gros cordonnets de petits cordonnets, la ligne en devient et plus régulière et plus forte. Les plus petites lignes qui ont moins de six brins peuvent n'être composées que de cordonnets simples, dont les deux derniers doivent être diminués dans les proportions qui viennent d'être établies.

Le point essentiel est de savoir nouer les cordonnets les uns après les autres (toujours

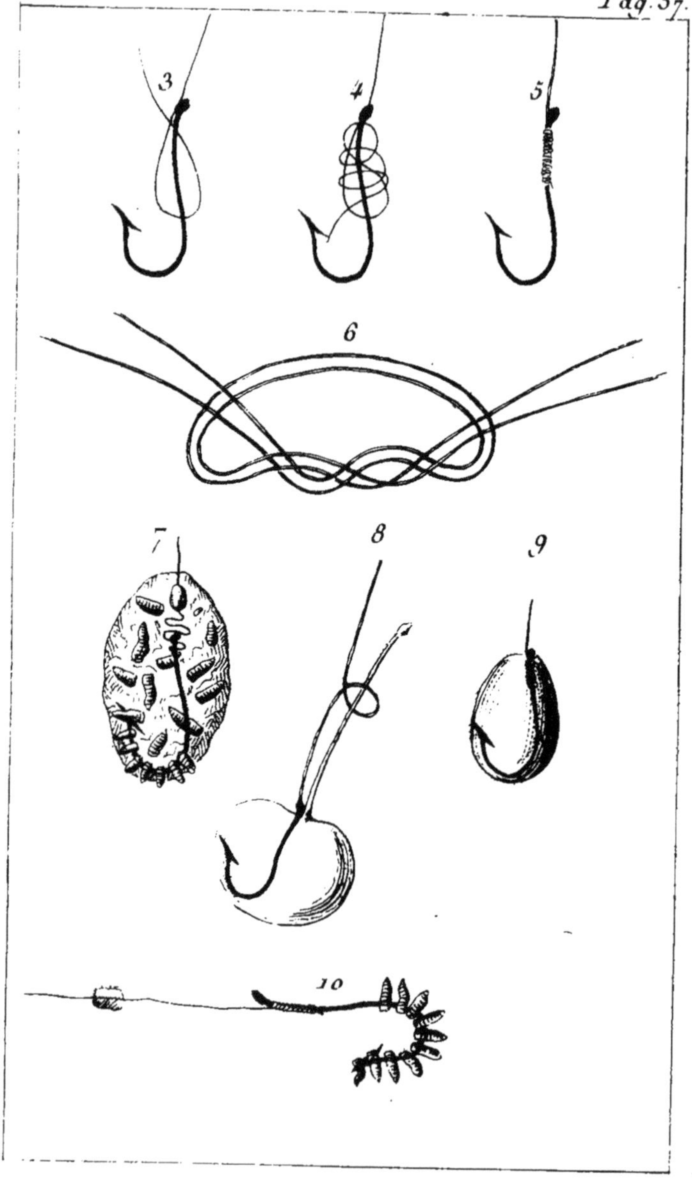

3 4 5

6

7 8 9

10

les gros bouts en dessus), le plus solidement possible, de peur qu'ils ne se détachent; en conséquence, on prendra deux cordonnets, on rapprochera le petit bout du premier au gros bout du second, on les joindra l'un sur l'autre d'une longueur nécessaire pour faire un cercle dans lequel on fera passer deux fois le second cordonnet; on serrera ensuite le nœud, et lorsque l'on sera assuré qu'il est solide, on coupera, avec les deux dents canines, le crin qui excède les nœuds. Les deux dents canines doivent servir de ciseaux au pêcheur; c'est un objet de moins qu'on ne courra pas le risque d'oublier. Quant aux autres petites munitions, telles que crins, racines, hameçons et plomb, on les rassemble dans un portefeuille qu'on garde sur soi.

Les cordonnets subséquens, ainsi que l'empile, qui terminent la ligne, se nouent de même que les deux précédens.

Il n'est pas moins essentiel de savoir attacher l'hameçon à l'empile : rien de plus aisé, mais rien de plus difficile à démontrer. On engage le pêcheur à suppléer, par son intelligence, à l'obscurité d'une démonstration par écrit.

On place entre le pouce et l'index de la

main gauche un hameçon dont le dard est tourné en bas du côté gauche de la main, et le bout opposé du côté droit de la main. On plie le bout de l'empile en forme de boucle; on place sur le dos de l'hameçon cette boucle dont l'extrémité doit dépasser celle de l'hameçon; on reprend le bout de l'empile, on lui fait faire des révolutions autour de l'hameçon et des deux crins qui forment la boucle depuis la queue de l'hameçon jusque vers le milieu. Ces révolutions doivent être si près l'une de l'autre, que la partie de l'hameçon qu'elle entoure soit parfaitement recouverte; ensuite on passe le petit bout de crin dans la boucle, et on serre le nœud en tirant l'empile; ce nœud, proprement fait et bien arrêté, est aussi solide que la ligne même.

Lorsque l'empile est en racine, on ne fait que trois révolutions, parce que, quoique la racine soit dans le cas de supporter un poids assez considérable, elle est très-cassante.

De la Gaule.

La gaule est encore une partie essentielle de la ligne, et qui, sous ce rapport, doit fixer l'attention du pêcheur.

On trouve dans les magasins dont nous avons déjà parlé, des gaules toutes faites, aussi propres qu'ingénieuses. On peut aussi en établir soi-même, en roseau ou en sureau ; mais lorsqu'on est à la campagne et qu'on n'est gêné par rien, il vaut mieux s'en tenir à ce qui remplit le mieux l'objet qu'on se propose.

Le meilleur bois pour la gaule est le noisetier ; il est solide, pliant, léger et propre ; lorsqu'il a deux ans de pousse et qu'il est coupé en hiver, il est parfait ; il n'y a pas aussi de meilleur bois pour les scions dont la gaule doit être entée, que le troëne ; ensuite le cornouiller, l'orme et l'épine, lorsqu'ils ne sont encore qu'en jets et coupés à tems.

On se procure facilement, dans les bois, des baguettes de noisetier de deux ans, et qui, n'ayant par le pied que la grosseur du doigt, peuvent offrir, dans leur partie solide, au moins dix pieds de long ; on les réduit par le petit bout autant que l'on juge à propos, et on les termine en sifflet d'une longueur d'environ 5 pouces ; on taille également le scion en sifflet de la même longueur que celui fait à la gaule ; on rejoint ces deux entailles l'une sur l'autre et on les fixe par trois anneaux de fil de fer auxquels on a fait faire un double tour, et qu'on a serrés avec une tenaille. L'un de ces anneaux doit être placé dans le milieu de cette jointure, et les deux autres à deux ou trois lignes de ses extrémités. Le gros bout du scion doit être un peu moins fort que l'extrémité de la gaule à laquelle il est attaché; il doit avoir de deux pieds à deux pieds et demi de long, et finir d'une grosseur à peu près égale à celle d'une plume d'oie.

Pour donner au scion plus de force sans lui rien ôter de son élasticité, on attache au milieu de la jointure un bout de fouet de lin, dont on entoure solidement, et en forme de tire-bouchon, le scion jusqu'à son extrémité où on le lie fortement de peur qu'il ne varie, et on termine cette ligature par une boucle en double, dans laquelle on fait passer celle du corps de ligne.

Maintenant que nous avons donné une idée de la ligne complète, nous allons indiquer la manière de l'appliquer à chaque espèce de poisson. Comme les poissons se divisent en deux espèces, chacune d'elles exige sa ligne particulière : la première s'appelle volante, la deuxième flottante.

La ligne volante a pour objet d'atteindre

les poissons qui nagent à la superficie de l'eau, et se saisissent des insectes qui s'y laissent tomber; cette ligne, devant être maintenue sur l'eau, ne doit pas avoir de plomb. Lorsqu'on pêche élevé sur une éminence, et que la vue plonge sur le poisson sans qu'on en soit vu, on le prend à la volée; alors, non seulement les flottes seraient inutiles, mais elles deviendraient nuisibles. Si on pêche de bord, les poissons ne mordent pas aussi fréquemment, alors il devient nécessaire de maintenir la ligne sur l'eau au moyen de flottes.

La ligne flottante a pour objet d'atteindre le poisson qui vit dans le sein des eaux: pour y parvenir, il faut que la ligne plonge suffisamment, ce qui ne peut avoir lieu sans le secours d'une parcelle de plomb. Comme la loi ne s'est pas assez clairement expliquée à cet égard, si le pêcheur croit avoir à redouter quelqu'inconvénient, il lui sera facile de les prévenir en prenant les précautions que nous lui avons indiquées.

Des Lignes volantes.

La petite ligne volante doit avoir six à sept pieds de long; elle doit être sur trois crins par le haut; le dernier cordonnet ne doit en contenir que deux, et finir par une empile d'un seul crin dont on a retranché la moitié de peur qu'il ne casse. On y attache un hameçon n° 14.

La gaule de cette ligne peut être d'un seul jet de noisetier et peut avoir un pied de moins que la ligne, ce qui ne dispense pas d'entourer le tiers de la gaule avec du gros fil de Bretagne au lieu de petit fouet, et d'y faire une boucle solide.

A mesure que l'on veut donner plus d'étendue à la ligne, on lui donne plus de force, et on élève le n° de l'hameçon.

La plus grande ligne volante peut avoir douze pieds et la gaule dix.

Si l'on pêche à la volée, il n'est pas nécessaire de mettre des flottes à ces lignes; dans le cas contraire, on en met deux aux petites en plumes de poule ou de pigeon, ou au plus de canard; on en met trois dans les grandes, mais d'une force convenable.

Des Lignes flottantes.

Celles pour le barbillon et le meunier peuvent être en crin, commençant par dix

Pl. 2.

Pag. 43.

ou douze brins, et finissant par huit ou neuf, ou pour le mieux en cordonnet de soie ; elles doivent être l'une et l'autre terminées par une empile de racine, à laquelle est attaché un hameçon n° 5; sa longueur doit être d'environ douze pieds, et celle de la gaule de huit à neuf; leurs flottes peuvent être en liége.

Les petites lignes flottantes doivent avoir depuis cinq pieds jusqu'à huit de long, avec une gaule de même dimension et une seule flotte. Si on pêche en eau dormante, elles resteront en place d'elles-mêmes ; si c'est en eau courante, il faut nécessairement les soutenir ; à cet effet, on doit s'asseoir, tenir la ligne à la main, et la fixer entre ses pieds et ses genoux ; la bannière ne doit pas avoir plus de quatre pouces, la flotte doit être inclinée jusqu'à fleur d'eau lorsqu'elle est tirée par secousses, c'est rarement un gros poisson ; celui-ci, au contraire, pèse sur la ligne et fait enfoncer la flotte sans ébranlement. Il ne faut pas manquer de piquer aussitôt.

On donne à ces lignes huit crins par le haut et cinq par le bas ; l'empile doit être en racine, avec un hameçon n°s 10, 11 ou 12 ; il faut être très-circonspect sur l'usage du plomb, car l'excès empêcherait l'appât de suivre les mouvemens de l'eau, et lui donnerait une lourdeur qui exciterait la défiance du poisson.

C'est sur ces dernières lignes que le pêcheur peut le plus particulièrement fonder son espoir, elles sont de toutes saisons et propres à chaque espèce de poisson.

C'est avec cette ligne à laquelle on donne huit à neuf brins de crin, et trois de moins par le bas, que l'on pêche à la carpe; mais il faut alors qu'on ait raccourci les crins du dernier cordonnet, d'environ un tiers pour en supprimer ce qui ne serait pas assez fort.

Si on a pris des arrangemens avec les fermiers, on sera libre alors de ficher le gros bout de la gaule dans la terre, et de le faire excéder de toute sa longueur au dessus de l'eau. On la pose de manière que la bannière n'ait que deux à trois pouces, et que la flotte soit inclinée dans l'eau jusqu'à sa superficie. Au moindre dérangement on pique.

Cette pêche sera beaucoup plus avantageuse, si on a encore la liberté de poser à sa droite une autre ligne d'environ six pieds qui repose sur le talus et ne l'excède pas. La gaule doit être posée à terre de manière que la flotte repose sur l'eau à trois ou quatre pouces du bord.

Telle est la meilleure manière de pêcher la carpe et autres gros poissons; on sera étonné de prendre d'aussi gros poissons avec un instrument aussi faible en apparence.

Nous pourrions terminer ici le présent Chapitre; cependant nous allons parler des lignes dont les pêcheurs de Paris se servent avec fruit, et qui, cependant, ne sortent pas de la classe des lignes flottantes.

De la Ligne au Coup.

On se sert, pour cette pêche, d'une ligne pareille à celle pour la carpe. On choisit un endroit où l'eau soit un peu courante et le fond très-uni et d'une profondeur de quatre à cinq pieds et même plus. On met une sonde de plomb au bout de la ligne, on jette le tout à l'eau, et on promène la ligne sur le fond pour en connaître la profondeur et s'assurer s'il est égal et propre; cette opération met à même de savoir où placer la flotte. Comme la flotte doit supporter la ligne et le plomb, il est à propos que cette flotte soit placée de manière que la ligne traîne sur le fond d'environ un pouce. On doit sentir combien il importe que la force de la flotte et le poids du plomb soient combinés assez juste pour que la flotte reste à la superficie de l'eau, afin que, pour peu que le poisson touche à l'appât, il la fasse enfoncer.

On se sert d'asticots pour amorcer le fond et la ligne; il faut commencer par le fond; en conséquence, on pétrira autant qu'on croira en avoir besoin, de la terre franche à laquelle on donnera la consistance du beurre: on fera avec une partie de cette terre trois ou quatre pelotes de la grosseur d'un œuf de poule au moins. On prendra l'une de ces pelotes dans laquelle on pétrira trois ou quatre cuillerées d'asticots; on y enfoncera l'extrémité de la ligne, et on jettera le tout à l'eau; on connaîtra par ce moyen où la pelote s'est arrêtée, et on dégagera la ligne de la pelote pour la retirer.

On jettera, avant de pêcher, d'autres pelotes à la proximité de la première; on mettra deux asticots à l'hameçon, et on jettera la ligne en dessus du courant; on lui fera suivre le fil de l'eau en passant par-dessus les pelotes, lorsqu'elle sera au bout du

Pl. 3.

Pag. 44.

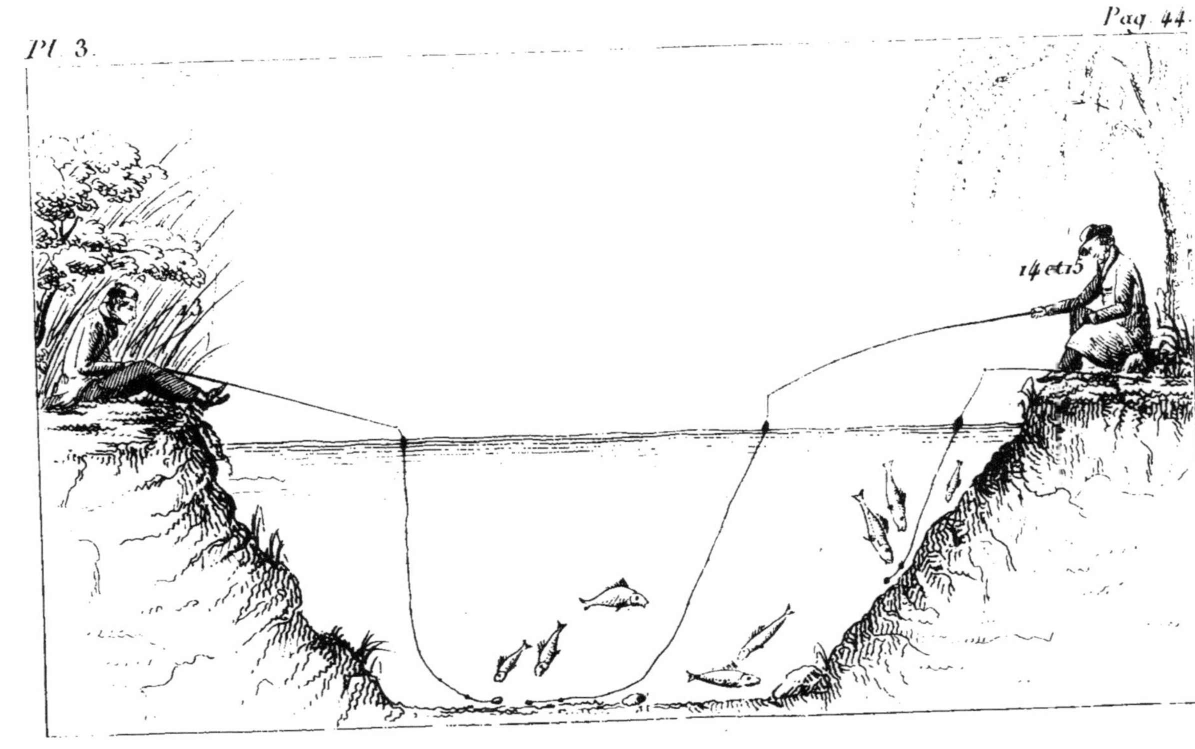

coup, on la retirera et on la remettra à l'eau; il faut, pour être plus à portée de piquer, que la bannière n'ait que trois pouces. On concevra facilement qu'il s'échappe des pelotes une grande quantité d'asticots qui attirent les poissons qui ne manquent pas de s'adresser à ceux retenus par l'hameçon.

On jettera de tems à autre des pelotes sur la place, et on fera bien d'en mettre au bout de la ligne de la grosseur d'une noix, et qu'on soutiendra au fond de l'eau jusqu'à ce qu'elle soit fondue.

De la Ligne aux Pelotes.

Cette pêche est plus favorable de huit à dix heures du soir que dans le surplus de la journée; on y prend tout ce qu'il y a de plus gros en poissons, tels que carpes, barbillons et brêmes; mais il y faut beaucoup d'adresse et de subtilité.

Il faut acheter deux bobines de cordonnet de soie blanche, l'une de la grosseur du fil de Bretagne, et l'autre d'un numéro beaucoup au-dessus. On achète ce cordonnet tout détordu, ou on le détord soi-même, on le roule autour d'une petite gaule de baleine de six à sept pouces de long, tenant à un manche d'environ quatre à cinq pouces, et qu'on peut acheter toute faite.

On empile au bout de ces deux lignes un hameçon n° 8. On fait à un pouce de l'hameçon un nœud autour duquel on roule une feuille de plomb à tabac d'environ dix-huit lignes de long sur trois de largeur; on jette alors sa ligne à l'eau et on lâche de la ligne jusqu'à ce que le plomb ne fasse qu'effleurer le fond. On sent que plus la ligne est longue et moins on aura besoin de plomb. Ce sera au pêcheur à se déterminer, d'après les localités, sur la longueur qu'il veut donner à sa ligne.

Lorsqu'on veut pêcher, on commence par pétrir de la terre, et on jette à deux pieds environ au-dessus de la place qu'occupera l'hameçon, des pelotes préparées comme pour la ligne au coup.

Quand tout est bien amorcé, on prend la ligne la moins grosse; on enfile autour de l'hameçon des asticots par le gros bout autant qu'il en peut tenir; on prend de la terre détrempée, de la grosseur d'une noix; on l'aplatit de la longueur d'environ un pouce et demi en long et d'un pouce de large; on place l'hameçon au bas de manière que l'asticot qui est au bout soit au niveau de la pelote ; on met sur cette terre une bonne pincée d'asticots, et on referme la pelote de manière que l'asticot et le plomb s'y trouvent renfermés et que la ligne sorte par le bout opposé à l'hameçon. Pour donner plus de solidité à cette pelote, on la roule dans ses deux mains, en lui donnant la forme d'une olive prolongée. Avant de la jeter à l'eau, on la pose à côté de soi pour laver promptement ses mains.

Lorsqu'on ne sent plus de poids au bout de la ligne, c'est signe que la pelote est fondue et qu'il faut la renouveler.

La vue n'entre pour rien dans cette pêche, le tact est tout; ainsi il n'est pas besoin de flotte; il est évident que les poissons sont attirés par les asticots et que, voulant aller à la source, ils s'adresseront à la pelote qu'ils fouillent et sur laquelle ils pèsent. Ce mouvement s'imprime tellement jusqu'au poignet du pêcheur, que celui qui est exercé à cette pêche peut juger de la grosseur du poisson. S'il juge que la petite ligne n'est pas suffisante, il prend à l'instant la grosse.

Cette pêche, ainsi que celle au coup, est beaucoup plus facile sur un train de bois ou sur un bateau que du bord; on peut tirer de l'une ou de l'autre une sorte de ligne qui pourrait être employée avec beaucoup d'avantage sur les places amorcées pour les carpes, lorsque l'heure de celle au blé est passée. Il suffirait d'amorcer la ligne dont on s'est servi pour les carpes avec des asticots et des pelotes, mais il faudrait que cette ligne fût soutenue à la main.

De la Ligne à fouetter.

La gaule doit être plus flexible que celles ordinaires et doit avoir de six à sept pieds de long; le corps de la ligne doit avoir la même longueur; elle doit finir par une empile de crin, à laquelle on ajoute un hameçon n° 16. On a quatre autres empiles de quatre pouces, avec hameçon du même numéro, qu'on attache au corps de la ligne de huit pouces en huit pouces, en remontant du bas de la ligne jusqu'à sa moitié. On met à cette ligne deux flottes de plumes de pigeon ou de poule, l'une à deux pieds de la gaule, et la seconde à huit pouces en avant de la première empile. On met un très-petit morceau de plomb à un pied environ de l'hameçon du bout.

On choisira un endroit où l'eau soit un peu

courante, et surtout celui où il y aurait un bouillon qui tirerait du bord en pleine eau.

Lorsqu'on va pour pêcher, on jette dans l'endroit que l'on a choisi des asticots mêlés avec du son; on amorce chaque hameçon d'un asticot bien vivant; on jette la ligne au-devant de soi, et l'on fouette continuellement en donnant une légère saccade; lorsque la ligne est trop près du bord, on la lance de nouveau au large. On jette de tems à autre des asticots et du son aux environs de la ligne; quand une fois le remontage du poisson est établi, on en prend un nombre considérable, mais la plupart de ceux qu'on prend ne sont que des ablettes ou autres poissons blancs.

De la grande Ligne aux Barbillons et Meuniers.

Cette ligne doit avoir vingt pieds au moins de long, sur douze brins de crin d'un bout à l'autre de la ligne et sans qu'il soit besoin de diminuer le nombre de crins par le petit bout. On empile un hameçon n° 3, sur le crin même, avec un bout de soie : il n'est pas besoin de plomb. On place à deux ou trois pieds du scion, une flotte en liége un peu forte. On attache cette ligne à une gaule de huit pieds, dont le scion est plus fort que ceux des autres grandes lignes; on l'amorce au commencement de la saison, et, lorsque les eaux sont jaunes, avec des vers de terre, et dans les autres tems avec du fromage de Gruyère ou de la pâte.

La difficulté est de lancer ces lignes en pleine eau; on prend la gaule de la main gauche, on plie la ligne en cercles d'environ deux pieds de tour, qu'on prend de la main gauche; on garde dans sa main droite un bout d'environ deux pieds auquel on fait faire plusieurs tours en l'air, et on lance la ligne à l'eau en élevant la gaule de la main gauche; lorsque la ligne est bien lancée, elle se déroule en chemin et parvient à sa destination.

Lorsque la ligne est arrivée en pleine eau, elle tend à se rapprocher du bord, mais souvent elle s'arrête au fond des berges; alors on la soutient et on laisse faire un petit cercle à la bannière; le poisson en aspirant l'hameçon, ébranle la flotte et la bannière, il faut piquer sans délai et ne pas ménager le poisson; on prend la gaule à deux mains, et on remonte la rivière une douzaine de pas. Il ne faut pas craindre de traîner le poisson, non-seulement sur la berge, mais encore assez avant sur le rivage et ne le prendre que lorsqu'il est assez éloigné de l'eau pour n'y pas retomber dans le cas où il se décrocherait en se débattant lorsqu'on veut le prendre. Il faut avoir surtout le soin de tenir toujours la ligne bien tendue, pendant que le poisson y est attaché, car si on la laissait un seul instant lâche, il trouverait infailliblement le moyen de rejeter l'hameçon de sa bouche, cette précaution doit aussi être observée pour toutes les autres lignes.

On ne saurait se faire une idée de l'agrément et du profit que l'on retire de cette pêche, lorsque le tems est favorable.

Si l'on éprouve trop de difficulté à lancer assez loin la ligne, il ne faut pas pour cela se rebuter; car, jusqu'à ce qu'on puisse être au fait, on devra tenir la ligne plus courte, et ne l'allonger que petit à petit; d'ailleurs, l'appât qu'on y met facilite cette opération par son poids.

CHAPITRE IV ET DERNIER.

DES APPATS.

De la Manière de les préparer.

Les Traités de pêche anciens et modernes indiquent des secrets pour attirer le poisson, et des instrumens pour le pêcher. Nous ne sommes que trop persuadés qu'en en faisant usage dans les fleuves et rivières navigables on n'en retirerait d'autre avantage que de se mettre fort mal avec l'administration des eaux et forêts, et avec les fermiers de la pêche. Aussi nous avertissons de nouveau ceux qui ne sont pas fermiers, de s'en tenir à la ligne flottante, et que les appâts les plus simples et les plus naturels sont les meilleurs; tels sont ceux dont on va parler dans le présent chapitre.

DES APPATS POUR LIGNE VOLANTE.

On trouve dans les magasins que nous avons déjà indiqués, des insectes factices parfaitement imités; mais on doit sentir que lorsqu'on a la facilité de s'en procurer de vivans, la pêche doit nécessairement être plus sûre, parce que le mouvement et l'odeur de ces insectes, inspirent plus de confiance aux poissons.

Des Fourmis de bois.

Le meilleur appât, pour la ligne volante, est la grosse fourmi de bois : on en met une ou deux aux petites lignes volantes, enfilées dans un hameçon, n° 13 ou 14, et trois ou quatre aux grandes, au bout desquelles on empile un hameçon n° 7 ou 8. Les fourmis s'enfilent à l'hameçon par le bout de la partie charnue; il faut les renouveler aussitôt qu'elles se sont durcies dans l'eau.

On trouve dans les bois beaucoup de fourmilières dans lesquelles il existe une quantité considérable de fourmis, qui reprennent vigueur à compter du mois d'avril jusqu'aux froids. Lorsqu'on veut s'en procurer, on écarte, environ large comme la main, le plus gros bois qui se trouve à la superficie de la fourmilière; on frappe plusieurs coups, avec la main, sur la place qu'on a un peu creusée. Il en sort aussitôt une grande quantité de fourmis qu'on prend, avec les doigts, sans se donner la peine de les séparer des petits éclats de bois. On jette le tout dans un petit sac de toile assez serrée pour qu'elles ne puissent pas s'échapper, et dans lequel on a mis quelques petits morceaux de viande. Lorsqu'on en a besoin, on dénoue le sac, et on n'en laisse sortir qu'autant qu'il en faut.

Les fourmis vivent, dans ce sac, jusqu'à ce que la terre et les bois avec lesquels elles sont renfermées, soient desséchés; ainsi, il est important de les déposer dans un lieu un peu humide; les fourmis, quoique mortes, servent jusqu'à ce qu'elles soient elles-mêmes desséchées, et ne puissent plus être enfilées dans l'hameçon.

Les mouches domestiques et celles qu'on trouve sur les saules et arbustes, produisent à peu près le même effet; mais les meilleures sont les mouches jaunes, qu'on trouve sur les bouzes de vache : on les prend avec un filet en gaze pareil à celui dont on se sert pour les papillons.

Viennent successivement le rouget, le gros et petit hanneton, les petites sauterelles de prés dont nous avons déjà parlé, les grosses et les petites chenilles. On doit bien sentir qu'il faut bien que chacun de ces appâts soit adapté à un hameçon d'une grosseur convenable.

Le rouget est un petit insecte du genre des hannetons, ayant les ailes de dessus et la tête d'un beau rouge; le dessous du corps, les pattes et les antennes très-noirs. On le trouve sur les haies d'épine blanche et dans les jeunes blés.

On peut aussi amorcer la petite ligne volante avec un grain de blé cuit, un ou deux asticots, un petit ver rouge de fumier, ou une très-petite boulette de la pâte que nous indiquerons plus tard; mais il faut éviter que le poids de ces amorces n'entraîne la flotte au fond. Cette dernière pêche à la petite ligne est très-avantageuse auprès des lavoirs.

DES APPATS POUR LIGNE FLOTTANTE.

Des Vers de terre.

Ces vers, gardés pendant quelques jours dans la mousse, deviennent moins cassans et plus propres à la pêche.

Il y a deux espèces de vers de terre : les gros et les petits ; les gros ont six pouces de long, ceux qui n'en ont que quatre sont les meilleurs ; mais lorsqu'on veut les employer, on peut les réduire à cette longueur en les diminuant du côté de la tête. On s'en sert seulement pour les grandes lignes aux barbillons et aux meuniers, du mois d'octobre au mois de juin.

Les petits vers se trouvent aussi dans la terre et le terreau ; ces derniers sont plus rouges et meilleurs, c'est aussi le seul appât dont on puisse se servir pour tous les autres poissons, à compter du mois d'octobre jusqu'en juin. Dans le surplus de l'année, comme les vers attirent plus de petits poissons que de gros, il est plus à propos de ne s'en servir qu'aux approches de la nuit ; car alors, les gros poissons se mettant en chasse, font fuir les petits.

Des Moules et Colimaçons d'eau.

Les moules se trouvent sur le bord des rivières. Après en avoir ouvert une, on en retranche tout ce qui est tendre, et on amorce l'hameçon avec la partie dure ; les carpes et les brêmes en sont très-friandes. Malheureusement cet appât est souvent dévoré par les petits poissons avant que les gros aient pu s'en emparer.

Le colimaçon d'eau, est noir et fortement muré par une espèce de parchemin; on le trouve sur le bord de l'eau, dans les endroits bourbeux; on casse la coquille et on retire le parchemin; le colimaçon se réduit à un petit morceau de chair blanche et solide, qu'on enfile à l'hameçon. Cet appât produit à peu près les mêmes effets que la moule.

Du Sang.

Le sang, à compter du 15 au 20 avril, est un appât immanquable pour le meunier; mais il faut nécessairement lui donner une préparation pour qu'il puisse se fixer à l'hameçon.

On se procure, chez un boucher, plusieurs livres de sang de bœuf; on fait un trou en terre meuble dans lequel on le dépose; on le recouvre un peu afin que les mouches ne s'y mettent pas; au bout de cinq à six heures la terre a bu la lymphe et le sang a pris le degré de consistance nécessaire. On coupe ce sang en petits morceaux pour amorcer l'hameçon, et on en jette aux environs de la ligne.

De la Cerise et du Raisin noir.

Le meunier, si gourmand et si insatiable, se jette aussi sur les fruits et particulièrement sur la cerise et le raisin noir.

On choisit une cerise bien appétissante, on lui laisse la queue et le noyau, on introduit dans la cerise, près de la queue, un hameçon n° 4, attaché à une grande ligne, on fait passer cet hameçon auprès du noyau, le dard de l'hameçon doit sortir à fleur de peau.

Pour éviter que la cerise ne se détache de l'hameçon, on attache la queue de la cerise à l'empile qui doit être en racine, et qui, au moyen d'un demi-nœud, embrasse la queue.

Quant au raisin, il suffit d'un seul grain; on le détache de la grappe et on insinue par la plaie qui s'est faite au grain en le détachant un hameçon n° 5 ou 6.

On attache le grain de raisin de la même manière que la cerise, si ce n'est la queue.

On visite de tems à autre le grain de raisin; lorsqu'on s'aperçoit que la peau s'est déchirée et que l'hameçon n'est plus à sa place, on remet un nouveau grain.

De la Viande.

Ce procédé est très-simple et très-avantageux. On prend des filandres de bouilli d'environ deux pouces de long; on plie cette filandre en deux et on la noue avec de la filasse de manière que cette petite pelote de viande ne soit pas plus grosse que le bout du petit doigt et d'un pouce de longueur; on insinue dans cette pelote un hameçon, n° 5, par le gros bout; les barbillons et les meûniers sont très-friands de cet appât.

Du Fromage de Gruyère.

C'est encore un appât que les barbillons et les meûniers, trouvent de leur goût: il suffit de le couper en petits carrés de la grosseur du bout du petit doigt et d'en amorcer un hameçon n° 5.

De la Pâte.

Cet appât l'emporte sur tous les autres pour le barbillon et le meunier.

On écrase du chenevis avec une bouteille; on a du fromage de Gruyère qu'on réduit en pâte; on y joint, si l'on veut, un peu de sel et un peu d'assa-fœtida, qu'on trouve chez les apothicaires; on pétrit le tout avec de la mie de pain jusqu'à ce qu'on ait obtenu une pâte bien liée; la pelote qui doit recouvrir l'hameçon, n° 3, doit être de la grosseur du doigt et d'un pouce environ de longueur.

De l'Asticot.

L'asticot est un petit ver blanc qui provient des œufs que les grosses mouches déposent sur les viandes: tous les poissons en sont très-friands. C'est à peu près le seul appât dont on se sert à Paris; aussi il y a des gens qui en font de très-grandes provisions dont ils trouvent facilement le débit; mais dans les campagnes il faut l'élever soi-même, ce qui n'est pas très-difficile.

On met trois ou quatre livres de sang dans un grand pot de jardin, dans lequel on a laissé de la terre. On dépose ce pot à l'ombre; bientôt les mouches ne manquent pas de s'y rendre pour y déposer leurs œufs et lorsqu'on voit que les vers sont formés, on rentre ce pot et on le place dans un baquet, de peur qu'en grossissant les vers ne se dispersent de côté et d'autre. Il faut que le baquet soit mis dans un endroit assez frais pour que le sang et la terre ne se dessèchent pas; lorsque les vers sont parvenus à leur croissance, on vide le pot dans un panier que l'on suspend dans le baquet, au fond duquel les asticots tombent: on les nourrit alors avec de la viande.

Quand l'endroit est suffisamment frais, les asticots peuvent se garder huit jours.

Du Blé cuit.

C'est le meilleur, le plus propre et le plus commode de tous les appâts; si les carpes, les brêmes, les gardons, et quelquefois les meuniers sont les seuls poissons qui y mordent, en revanche on n'a pas à craindre d'être troublé par les petits poissons; au moindre mouvement de la flotte, on peut piquer en toute assurance.

Pour le préparer, on prend environ un verre de blé, et autant d'orge et une petite poignée, si l'on veut, de chenevis; on met le tout dans environ une pinte d'eau de rivière: on fait fort bien d'y joindre un petit bouquet de feuilles de laurier, thym, lavande et sariette, avec du sel; on laisse infuser le tout pendant une nuit. Le lendemain on le met sur un feu doux jusqu'à ce qu'il soit bien renflé; on le retire aussitôt qu'on voit qu'il va se crever.

On prend de ce blé autant qu'on en a besoin, et on laisse le surplus dans le vase, presque à sec, de peur qu'il ne se décompose, et pour éviter qu'il ne se dessèche, on le couvre d'un linge mouillé. On peut le conserver ainsi assez long-tems, et quand même il s'aigrirait il n'en serait pas moins bon.

Il n'est pas besoin d'avertir qu'il ne faut amorcer l'hameçon n°s 10, 11 et 12, qu'avec les plus beaux grains de blé.

TROISIÈME PARTIE.

PAR KRESZ AINÉ.

MOEURS

ET

HABITUDES DES POISSONS.

JANVIER.

Les seuls poissons qui prennent l'amorce dans ce mois, sont : brochet, chevenne et gardon, dans des rivières à meunier; carrelets et anguilles, pour lesquels vous pouvez pêcher, pourvu que l'eau soit assez claire, et qu'il n'y ait pas beaucoup de glace.

FÉVRIER.

A la fin de ce mois, si le tems est assez beau pour la saison, la carpe, perche, rouget, chabot, carrelet et anguille prendront l'amorce aussi bien que le brochet; ce der-

5 *

nier préfère des amorces vivantes. Il ne faut pêcher qu'au milieu du jour, près des bords, car les poissons se réfugient toujours près des bas-fonds et près des bords après l'hiver, et y restent jusqu'à ce qu'ils aient frayé. Pendant ce mois et celui qui suit, tous les poissons d'eau douce quittent leur quartier d'hiver, et refusent rarement un ver jusqu'au mois de juin.

MARS.

Pendant ce mois, brochet, carpe, perche, gardon, vandoise, chevenne, goujon et véron prendront l'amorce. Continuez de pêcher au milieu du jour avec une amorce vivante, aussi dans les bas-fonds et près des bords. Pour les vandoises, dans des courans qui ne sont pas profonds, et dans les forts tournans. Brochet, éperlan, carrelet, ablette et perche frayent ce mois. Les carpes quittent les profondeurs pour l'herbe fraîche qui croît sur les bas-fonds, et les petits joncs qui croissent sur les bords des rivières et des étangs. Les carpes sucent la moelle des joncs qui les nourrit beaucoup. Les vers rouges sont une amorce excellente pour les carpes.

AVRIL.

Tous les poissons énumérés en mars, avec l'addition de la truite, prendront l'amorce ce mois, et aussi quelquefois les barbeaux; ablettes, carrelets et anguilles amorcent comme les derniers. Pêchez en bas-fonds, etc., etc. comme en mars. Vandoise, barbeau, goujon, véron et brême frayent ce mois.

MAI.

Pendant ce mois, les anguilles prendront nuit et jour des amorces, et tous les poissons d'eau douce, des amorces au haut et au fond de l'eau. Vous pouvez aussi vous divertir dans des étangs, mais il faut encore préférer de pêcher dans les bas-fonds, courans et tournans. Gardon, chevenne, carpe et ombre de rivière frayent dans ce mois.

JUIN.

Dans ce mois, ceux qui pêchent avec amorce, ne peuvent pas beaucoup se divertir; car les poissons ayant récemment frayé sont mal conditionnés, excepté les truites qui prennent bien les amorces. Pêchez dans les ruisseaux et courans. Les tanches frayent en juin.

JUILLET.

Tous les poissons d'eau douce prennent bien en ce mois plusieurs espèces d'appât, surtout le matin et le soir; continuez de pêcher dans les ruisseaux. On dit que les goujons frayent en ce mois ou en août; mais ils continuent de prendre les vers rouges.

AOUT.

Pendant ce mois, toutes sortes de poisson prennent l'amorce. Mais, pour bien s'amuser, il faut commencer de bonne heure le matin, et bien tard le soir.

SEPTEMBRE.

Ce mois est très-bon pour pêcher depuis le matin jusqu'au soir, si l'eau n'est pas trop claire. Barbeau, chevenne, gardon et vandoise quittent les herbes pour l'eau profonde. Les perches prendront des vérons vivans pendant août, septembre et octobre.

OCTOBRE.

Ce mois est bon pour pêcher à la ligne, et aussi avec l'appât, mais non pas pour pêcher à la ligne avec des mouches ou dans des étangs, ou de l'eau dormante. Les herbes dans les rivières commencent à devenir pourries et aigres, et par conséquent, les poissons les laissent pour des trous et de l'eau plus profonde. A présent, commencez à vous servir des cervelles comme une amorce pour les chevennes, de préférence à toute autre, et faites cela pour tous les mois d'hiver jusqu'à avril. Si le tems est doux pour la saison, les perches prendront encore des amorces vivantes.

NOVEMBRE.

Pendant ce mois, chevenne, gardon, brochet prendront encore des amorces, et quelquefois très facilement au milieu du jour. Chevenne et gardon se mettent à présent dans l'eau profonde et y restent jusqu'au printems. Les vandoises ordinairement commencent à refuser l'amorce et le font jusqu'à la fin de février ou au commencement de mars.

DÉCEMBRE.

Chevenne, gardon, brochet continuent de divertir un peu le pêcheur pour quelques heures, pourvu qu'une opportunité favorable s'offre pour exercer son adresse; mais cela n'est que rare dans ce mois, parce que les eaux sont ordinairement trop épaisses ou couvertes de glace. Barbeau, carpe et goujon se retirent dans des trous profonds, ou s'abritent sous les bords pour la chaleur. Les anguilles aussi sont à présent ensevelies ensemble dans des trous de tubleux profonds, et y restent engourdis jusqu'au printems.

PÊCHE AU GOUJON.

Ce petit poisson, d'une délicatesse et d'un goût recherché, se trouve dans toutes les rivières; il fraye au printems; on le pêche à la ligne, depuis le mois de mai jusqu'à celui d'octobre, dans quatre à cinq pieds d'eau qui ne coule pas vite, et dont le fond soit sablonneux.

Il se pêche avec une légère canne de dix à douze pieds de long. Une ligne extrêmement fine en boyaux de vers à soie, avec deux petits hameçons, n° 10 ou 12, une flotte en plume ou un petit bouchon de liége. On amorce les hameçons avec de l'asticot, ou bien des petits ve rouges que l'hameçon du bas traîne sur le fond.

On amorce une place en remuant le sable

avec une perche, ou en jetant de tems en tems au fond de l'eau des pelotes de terre grasse, garnies de vers.

On le prend en quantité l'été avec le filet appelé carrelet, et l'hiver dans les nasses.

PÊCHE A L'ÉPERVIER.

Il faut bien connaître l'endroit où l'on pêche, avoir un garçon de bateau sage et prudent On peut amorcer des places le soir, pour pêcher la nuit ou de grand matin. Il faut chercher une eau tranquille et profonde, pour que le courant n'emporte pas l'amorce.

Le succès du pêcheur dépend de son adresse, et quelquefois aussi de la bonté du filet. Les éperviers les meilleurs sont ceux de quatre cent cinquante à cinq cents mailles.

On amorce en mettant de la terre molle et bien pétrie du blé ou de l'orge bien cuite dans de l'eau; on peut y ajouter un peu d'avoine ou de chenevis.

Cette pêche se fait pendant quatre mois: juin, juillet, août, septembre.

PÊCHE A LA CARPE, DANS LES ÉTANGS.

Il faut trois ou quatre lignes en soie et crin, de quinze à seize pieds de long, avec un seul hameçon, n° 3 ou 4, un bouchon de liége, et trois ou quatre petits plombs fondus attachés sur la ligne; pêcher avec de grands roseaux bien droits, et des scions bien effilés, en troëne ou en cornouiller.

On amorce l'hameçon avec des vers de terre, et on pêche presqu'au fond. Il faut chercher une place garnie d'herbe le moins possible, et tenir les lignes comme la gravure le représente. On pêche de même avec de la mie de pain tendre et pétrie. On amorce la place la veille, avec du blé cuit ou du pain mâché.

La carpe prend l'amorce si doucement, qu'il ne faut chercher à l'accrocher que quand le bouchon disparaît; il faut observer le silence et approcher du bord le moins possible. Quelques pêcheurs mettent avec l'appât, un peu de vermillon; cette couleur attire la carpe.

PÊCHE A LA MOUCHE ARTIFICIELLE, POUR LES TRUITES ET POISSONS BLANCS A LA SURFACE DE L'EAU.

Elle se fait en marchant, dans les mois de mai, juillet, août et septembre.

Il faut une canne de seize pieds de long en bambou, extrêmement légère, roide et flexible, garnie de petits anneaux qui servent de conducteurs pour passer la ligne, avec un moulinet au bas de la canne; une ligne soie et crin, en queue de rat de trente à quarante aunes de long, et un porte-feuille avec cinq à six douzaines de mouches. On attache à la ligne deux ou trois mouches d'une apparence semblable à celles que l'on trouve sur les bords du rivage. Le succès du pêcheur dépend de l'adresse avec laquelle il jette la mouche. Une petite pluie, un tems lourd, sombre, orageux, sont préférables au beau tems. On pêche de grand matin et le soir.

MOEURS DES POISSONS.

Le saumon se plaît dans les eaux vives et profondes, la truite dans les torrens et les cascades, le barbeau cherche les courans rapides, la brême une eau profonde et tranquille, le chevenne hante les bords ombragés, la perche les trous et les sourives, la vandoise et le gardon aiment les fonds de sable, la carpe les herbiers, la tanche les fonds vaseux, le goujon les graviers, l'ablette se joue sans cesse à fleur d'eau, enfin, le brochet vorace se met en embuseade parmi les joncs, et guette sa proie au passage.

FIN.

EXPLICATION

DES DÉMONSTRATIONS.

N° 1er. Première opération pour empiler l'hameçon.

N° 2. Révolutions qui entourent l'hameçon et la boucle.

N° 3. Hameçon entièrement empilé. (*Voir le dernier paragraphe, page* 37.)

N° 4. Nœud au moyen duquel on attache les cordonnets de crin et l'empile les uns au bout des autres, de manière que le petit bout du premier cordonnet tienne au gros bout du second, et successivement jusques et compris l'empile. (*Voir le dernier paragraphe, page* 36.)

N° 5. Hameçon empilé sur cordonnet de soie pour ligne aux pelotes, placé avec le plomb dans une pelote de terre grasse, et dans laquelle on a pétri une bonne pincée d'asticots très-vifs. (*Voir le troisième paragraphe, page* 48.)

N° 6. Hameçon placé dans une pelote de pâte. (*Voir le premier paragraphe, page* 62.

N° 7. Extrémité de la ligne aux pelotes dont l'hameçon est amorcé d'asticots et un petit morceau de plomb, posé à un pouce et demi de l'hameçon qui contribue à la maintenir au bout de quatre lignes. (*Voir le premier paragraphe*, *page* 48.)

N° 8. Hameçon amorcé d'une cerise dont la queue est fixée à l'empile par une boucle volante qui dispense de faire un nœud. Démonstration commune avec le grain de raisin. (*Voir le troisième parapraphe*, *page* 60.)

N° 9. Pêcheur à la ligne au coup. La ligne, le plomb et l'appât sont soutenus par une flotte en conséquence qui nage à la superficie, et qui ne doit sortir de l'eau que d'une à deux lignes. (*Voir les pages* 45 *et suiv.*)

N° 10. Pêcheur à la ligne aux pelotes. (*Voir les pages* 47 *et suivantes.*)

N° 11. Pêcheur à la petite ligne à soutenir. (*Voir le premier paragraphe*, *page* 43.)

N° 12. Pêcheur à la ligne aux carpes. (*Voir le troisième paragraphe*, *page* 45.)

N° 13. Pêcheur aux carpes ayant à côté de lui une petite ligne. (*Voir le même paragraphe.*)

TA… l'o… la ligne, les saisons et les heures du jour où
PA… qui conviennent à chaque espèce de poissons ;

N…	APPATS.			HAMEÇONS.
	…âtes …ppâts …vers.	Poissons.	Mouches.	
Sau…				
Tru…	....	1 2 3 4 11	grandes. .	N° 3/0 2/0 0 1.
Omb…	....	1 4 9 10 14	1 à 10	1 à 6.
	.....	*Id.*	*Id.*	*Idem.*
Broc…		2 3 4 5 7 8		Doubles.
Perc…	....	11 12 13	....	
Carp…	....	1 2 3 4	....	1 à 5.
Barb…	10 13	....	....	*Idem.*
Chev…	9	14	....	1 à 10.
Tan…	13	2 3 14	1 à 10	1 à 15.
Brêm…	2	....	....	1 à 5.
Gari…	0 11	....	....	4 à 14.
Van…	0 11	....	5 à 10	10 à 18
…	*…d.*	....	*Id.*	*Idem.*

TABLEAU indiquant, d'un coup d'œil, les lieux où se trouvent les Poissons qu'on pêche ordinairement à la ligne, les saisons et les heures du jour où l'on doit les pêcher, ainsi que la profondeur à laquelle il faut laisser descendre l'hameçon, et les divers appâts qui conviennent à chaque espèce de poissons ;
PAR C. KRESZ, AINÉ.

NOMS.	LIEUX.	SAISONS.	HEURES DU JOUR.	PROFONDEUR.	APPATS.				HAMEÇONS.
					Vers et Insectes.	Pâtes et appâts divers.	Poissons.	Mouches.	
Saumon....	Rivières et fleuves.........	Mars à Septem.	Matin et soir......	Fond, surface.	1 2 3 4	....	1 2 3 4 11	grandes..	N° 3/0 2/0 0 1.
Truite....	Ruisseaux, rivières et lacs...	*Idem.*	Toute la journée...	*Idem.*	1 13 15	....	1 4 9 10 14	1 à 10	1 à 6.
Ombre.....	*Idem.*	*Idem.*	*Idem.*	*Idem.*	*Id.*	....	*Id.*	*Id.*	*Idem.*
Brochet....	Rivières, étangs, canaux....	Juin à Janvier.	Le matin et le soir.	Milieu.......	14 15 16 17	....	2 3 4 5 7 8 11 12 13	....	Doubles.
Perche.....	*Idem.*	*Idem.*	*Idem.*	*Idem.*	1 2 3 4	....	1 2 3 4	....	1 à 5.
Carpe......	*Idem.*	Mai à Novemb.	*Idem.*	Fond........	1 à 6	1 3 10 13	....	....	*Idem.*
Barbeau....	Rivières, aux ponts, arches, moulins, etc............	Juin à Octobre.	*Id.* et toute la nuit.	*Idem.*	1 à 7	4 9	14	....	1 à 10.
Chevenne...	Fond d'eau ombragé d'arbres.	Juin à février..	Toute la journée...	Fond, surface.	1 à 13 16	1 à 13	2 3 14	1 à 10	1 à 15.
Tanche....	Mares et étangs bourbeux...	Avril à Sept..	Matin et soir......	Fond........	1 2 3 4	1 2	....	....	1 à 5.
Brême.....	Rivières et étangs.........	*Idem.*	*Idem.*	*Idem.*	1 à 7	2 10 11	....	....	4 à 14.
Gardon....	*Idem.*	Avril à Décem.	Toute la journée..	Fond, surface.	3 à 8	1 10 11	....	5 à 10	10 à 18
Vandoise...	*Idem.*	*Idem.*	*Idem.*	*Idem.*	*Id.*	*Id.*	....	*Id.*	*Idem.*
Eperlan....	Rivières, aux embouchures..	Avril à Octob.	*Idem.*	*Idem.*	3 4 5 6	1	....	*Id.*	8 à 15.
Goujon....	Rivières, fonds sablonneux..	Avril à Novem.	*Idem.*	Fond........	*Id.*	....	....	....	10 à 18.
Ablette....	Rivières.................	Avril à Octob.	*Idem.*	Partout......	4 5 6 7	1 7 10 11	....	*Id.*	15 à 20
Anguille..	Rivières et étangs..........	Avril à Septem.	La nuit quand il n'y a pas de lune...	Fond vaseux..	13 14 16	1 2 3	1 2 4 9 10 14	....	1 à 3.

VERS ET INSECTES.

1. Vers de terre à têtes noires : ils sortent le soir dans les jardins, prairies, etc.; on conserve les vers du n° 1 à 5, dans un sac de toile avec de la mousse fraîche et du fenouil. — 2. Vers de marécage : on les trouve dans les terres grasses. — 3. Vers de fumier bariolé : ils ont une odeur musquée ; on les trouve dans le vieux fumier. — 4. Petits vers rouges : ils se trouvent sur les bords des ruisseaux fangeux, et dans le terreau. — 5. Vers à queue : ils se trouvent dans les latrines, les égouts, etc.; on ne peut les garder que vingt-quatre heures. — 6. Asticots : ils se trouvent dans la viande pourrie ; on les garde dans du son. — 7. Porte-Bois (ou vers à coque) : ils se trouvent sur l'eau des petits ruisseaux, dans de petits bouts de joncs; on les garde dans un sac de laine humide. — 8. Sauterelles vertes et grises. — 9. Grillons, dits Cri-cris. — 10. Hannetons. — 11. Chenilles. — 12. Grosses mouches noires. — 13. Limaçons et moules d'eau, dépouillés de leurs coquilles. — 14. Grenouilles. — 15. Souris. — 16. Écrevisses, la queue. — 17. Cannetons.

PATES ET APPATS DIVERS.

1. Prendre de la mie de pain blanc, la détremper avec du lait et de l'eau, et la pétrir jusqu'à ce qu'elle soit assez ferme. — 2. Mêler du vieux fromage râpé avec du gras colorer avec du safran. — 3. De la mie de pain. — 4. Fromage de Gruyère. — 5. Cerises et raisin blanc. — 6. Boyaux de poulets. — 7. Sang de bœuf caillé. — 8. Amourette et cervelle de bœuf. — 9. Bœuf et rate cuite. — 10. Blé cuit. — 11. Orge verte. — 12. Châtaignes. — 13. Fèves de marais.

POISSONS.

1. Véron. — 2. Ablette. — 3. Vandoise. — 4. Goujon. — 5. Gardon. — 6. Eperlan. — 7. Carpeau. — 8. Carpe. — 9. Cabo. — 10. Loche. — 11. Chevenne. — 12. Petteuse. — 13. Perche. — 14. Lamprion.

MOUCHES.

1. Mouche de pierre : elle se trouve sous les pierres, au bord des rivières ; elle est de couleur brune avec des côtes jaunes, de grandes ailes brunes, et deux longs poils à sa queue. — 2. Sauterelle verte : tout le monde connaît cet insecte. — 3. Mouche de chêne ou de frêne : elle se trouve dans le tronc des vieux arbres de ces espèces ; elle est de couleur de rouille. — 4. Chenille : elle se trouve sur les feuilles des plantes et des arbrisseaux. — 5. Fourmi volante : elle se trouve dans les fourmillières. — 6. Grosse teigne blanche : elle se trouve le soir dans les jardins et sur les peupliers. — 7. Abeilles

TABLE.

Pages

Epître aux Pêcheurs. 1

PREMIÈRE PARTIE.

De la Pêche à la ligne flottante et des lois qui la régissent. 5

DEUXIÈME PARTIE.

CHAPITRE PREMIER.

Division des Poissons en deux classes. — Leurs allures. — Du tems, des vents et des heures de la journée favorables à la Pêche. 14

CHAPITRE II.

Définition des deux classes de Poissons, lignes et appâts qui leur conviennent. 18

Première classe. *ibid.*

Du Meunier adulte. 19

Seconde classe. 20

Du Meunier adulte. *ibid.*

Du Barbillon. 21
De la Carpe. *ibid.*
De la Brême et du Gardon. 27
De la Perche franche. *Ibid.*
Du Brochet. *ibid.*
De l'Anguille. 28
Du Goujon et de la Perche goujonnière. *ibid.*
De l'Ecrevisse. *ibid.*

CHAPITRE III.

Des Lignes et Hameçons. 29
Observations générales. *ibid.*
Du corps de la ligne. 35
De la Gaule. 38
Des Lignes volantes. 41
Des Lignes flottantes. 42
De la Ligne au coup. 45
De la Ligne aux pelotes. 47
De la Ligne à fouetter. 50
De la grande Ligne aux Barbillons et Meuniers. 53

CHAPITRE IV ET DERNIER.

Des Appâts. 54
De la manière de les préparer. *ibid.*
Des Fourmis de bois. 55
Des Appâts pour Lignes volantes. *ibid.*
Des Appâts pour Lignes flottantes. 57

Des Vers de terre. *ibid.*
Des Moules et Colimaçons d'eau. 58
Du Sang. 59
De la Cerise et du Raisin noir. 60
De la Viande. 61
Du Fromage de gruyère. *ibid.*
De la Pâte. *ibid.*
De l'Asticot. 62
Du Blé cuit. 63

TROISIÈME PARTIE.

Mœurs et habitudes des poissons. 65
Pèche du Goujon. 69
— de l'Epervier. 70
— de la Carpe, dans les étangs. 71
— à la Mouche artificielle, pour les Truites et Poissons blancs, à la surface de l'eau. 73
Explication des démonstrations. 75

FIN.

www.ingramcontent.com/pod-product-compliance
Ingram Content Group UK Ltd.
Pitfield, Milton Keynes, MK11 3LW, UK
UKHW020342180726
13839UKWH00002B/862